Fatiha Arioui
Djamel Ait Saada
Abderrahim Cheriguene

Pectina d'arancia e qualità dello yogurt

Fatiha Arioui
Djamel Ait Saada
Abderrahim Cheriguene

Pectina d'arancia e qualità dello yogurt

ScienciaScripts

Imprint

Any brand names and product names mentioned in this book are subject to trademark, brand or patent protection and are trademarks or registered trademarks of their respective holders. The use of brand names, product names, common names, trade names, product descriptions etc. even without a particular marking in this work is in no way to be construed to mean that such names may be regarded as unrestricted in respect of trademark and brand protection legislation and could thus be used by anyone.

Cover image: www.ingimage.com

This book is a translation from the original published under ISBN 978-3-8416-1397-4.

Publisher:
Sciencia Scripts
is a trademark of
Dodo Books Indian Ocean Ltd. and OmniScriptum S.R.L publishing group

120 High Road, East Finchley, London, N2 9ED, United Kingdom
Str. Armeneasca 28/1, office 1, Chisinau MD-2012, Republic of Moldova, Europe
Printed at: see last page
ISBN: 978-620-7-24534-5

Pectina e qualità dello yogurt

Autore : FATIHA ARIOUI *

Coautori: DJAMEL AIT SAADA e ABDERRAHIM CHERIGUEN E

Affiliazione: Laboratoire de Technologie Alimentaire et Nutrizione, Università Abdelhamid Ibn Badis, Mostaganem, Algeria.

*arioui-fatiha@hotmail.fr ; fatiha.arioui@univ-mosta.dz

Tel: +213 558888319.

INDICE DEI CONTENUTI:

Introduzione

La pectina è una macromolecola estratta principalmente dalla sansa di mela e dalla buccia degli agrumi. È utilizzata in un'ampia gamma di applicazioni grazie alla sua immagine di prodotto naturale, alle sue proprietà nutrizionali e, soprattutto, alle sue proprietà funzionali (**Mesbahi et al., 2005; Combo et al., 2011**).

Nell'industria alimentare è prassi comune aggiungere agenti stabilizzanti alle miscele di yogurt. Il loro scopo è quello di migliorare e mantenere le caratteristiche desiderate del prodotto finale, come una certa fermezza, viscosità o consistenza, una consistenza adeguata e una piacevole sensazione in bocca. Gli stabilizzanti generalmente utilizzati sono la pectina, la gelatina e le proteine del siero di latte (**Sodini et al., 2004**). A seconda delle loro proprietà funzionali e delle concentrazioni, possono gelificare o aumentare la viscosità del gel. Di conseguenza, contribuiscono a limitare la sineresi e a conferire una consistenza omogenea.

Lo yogurt è il latte fermentato più consumato al mondo, grazie alle sue ricercate proprietà organolettiche e nutrizionali (**Loveday et al., 2013; Sahan et al., 2008**). Si ottiene dalla fermentazione lattica di due soli ceppi specifici: *Steptococcus thermophilus* e *Lactobacillus bulgaricus* (**Kumar e Mishra, 2004; Sokolinska et al., 2004**). I benefici per la salute di questo prodotto, la sua gamma di gusti e l'arrivo di yogurt arricchiti di probiotici sono responsabili dell'aumento del suo consumo.

Tuttavia, i principali difetti di questo prodotto fermentato rimangono l'inadeguata compattezza del gel, le variazioni di viscosità e l'espulsione del siero: la sineresi (**Keogh e O'Kennedy, 1998; Lucey et al., 1998**).

L'attuale dinamismo del mercato alimentare costringe i produttori a formulare sempre nuovi prodotti, in particolare i prodotti lattiero-caseari fermentati (yogurt), il cui consumo è cresciuto notevolmente grazie al progresso tecnologico, che ha permesso di migliorare gli aspetti specifici di questi prodotti attraverso l'uso di ingredienti come agenti testurizzanti, addensanti e gelificanti (**Kar e Arslan, 1999**).

Lo yogurt si ottiene dalla coagulazione del latte senza sgocciolamento. Viene prodotto secondo procedure che variano a seconda della natura del prodotto finito (agitato, fermo), ma che prevedono sempre una fermentazione lattica che porta alla gelificazione a causa della destabilizzazione del sistema proteico sotto l'effetto di una diminuzione del pH. La consistenza è una componente essenziale della qualità dello yogurt. È influenzata da diversi fattori: la composizione del latte, l'entità dei trattamenti applicati prima della produzione (riscaldamento, omogeneizzazione) e le condizioni culturali (fermenti, temperatura).

La produzione di yogurt può quindi comportare alcuni problemi tecnologici, come un'inadeguata compattezza del gel, variazioni di viscosità ed essudazione del siero. Per evitare questi difetti di qualità, gli yogurt vengono solitamente arricchiti con agenti testurizzanti, stabilizzanti e gelificanti. Uno di questi additivi alimentari è la pectina.

CAPITOLO 1

1. Pectine

1.1. Definizione

Le pectine sono poliosidi complessi utilizzati nelle pareti cellulari della maggior parte delle piante superiori. Sono presenti soprattutto nella lamella centrale e nella parete primaria **(Jenson et al., 2008)**. La quantità di sostanze pectiche nelle piante varia notevolmente a seconda della loro origine botanica e della loro storia (metodo di coltivazione, periodo di crescita, ecc.) **(Caffall e Mohnen, 2009)**.

Le pectine sono abbondanti nella frutta e nella verdura e cambiano con la maturazione dei tessuti. Sebbene possano essere estratte da un gran numero di piante, le principali fonti industriali di pectina sono la sansa di mela e la buccia di limone e arancia **(Pinheiro et al., 2008; Combo et al., 2011)**.

La produzione di pectina è il modo più sensato di utilizzare i sottoprodotti dell'industria del succo di agrumi, sia dal punto di vista economico che ecologico. La sansa di mela contiene tra il 10% e il 15% di pectina, mentre la buccia d'arancia ne contiene tra il 20% e il 30% **(Srivastava e Malviya, 2011)**.

Le pectine sono essenzialmente costituite da residui di acido galatturonico (Gal A) legati tra loro da legami a (1→4) e parzialmente acetilati o esterificati da gruppi metilici **(Ridley et al., 2001)**.

La pectina è utilizzata nell'industria alimentare come additivo gelificante, addensante, stabilizzante ed emulsionante. Viene anche utilizzata nella composizione di specialità farmaceutiche per le sue proprietà antiacide, emostatiche o antidiarroiche **(Wicker et al., 2014)**.

1.2. Processi di produzione della pectina

La pectina viene principalmente estratta industrialmente dai sottoprodotti dell'industria dei succhi di frutta. Il processo di estrazione della pectina si basa sull'idrolisi della materia prima in ambiente acido; questa fase è generalmente condotta a 90°C per un minimo di un'ora **(Iglesias e Lozano, 2004)**, seguita da filtrazione e precipitazione in alcol **(Kalapathy e Proctor, 2001)**. Queste condizioni sono particolarmente dannose per la qualità della pectina. Il coagulo, che ha un aspetto fibroso, viene lavato, pressato, essiccato sotto vuoto e quindi macinato per ottenere una polvere fine.

Alcune ricerche si sono concentrate sul pretrattamento della materia prima prima dell'idrolisi per facilitare l'idrolisi della protopectina (che è fortemente legata alle pareti cellulari) e per aumentare le rese di estrazione della pectina. **Wang et al. (2007)** hanno dimostrato che l'uso delle microonde per estrarre le pectine riduce i tempi di estrazione e quindi i costi. **Fishman et al. (2000) hanno riportato che il** pretrattamento a microonde di vari frutti ha aumentato considerevolmente le rese di

5

pectina.

1.3. Struttura e caratteristiche della pectina

Queste sostanze sono esclusivamente di origine vegetale **(Ridley et al., 2001)**. Sono polisaccaridi costituiti da una catena principale di acido galatturonico e da una catena secondaria ramificata **(Figura 1)**. La catena principale è costituita da acido D-galatturonico (D-Gal A) legato da un $(1{\rightarrow}4)$ legame glicosidico. Tra questi monomeri si inseriscono regolarmente molecole di ramnosio con legami $(1{\rightarrow}2)$ **(Wicker et al., 2014)**.

Le pectine hanno specifiche proprietà fisico-chimiche dovute alla loro natura di polielettroliti. Queste caratteristiche conferiscono loro la capacità di associarsi tra loro e di formare gel in presenza di cationi divalenti come il calcio, rendendole suscettibili di interazioni con le proteine.

Le pectine sono caratterizzate dal loro grado di metilazione (DM). Il grado di metilazione è un parametro molto importante che influenza il processo e il meccanismo di associazione delle pectine nella formazione dei gel. Il grado di metilazione è la percentuale di gruppi carbossilici esterificati dal metanolo **(Lira-Ortiz et al., 2014)**.

Secondo **Willats et al (2006), esistono** due tipi di pectina a seconda del grado di metilazione (DM):

- Pectine HM (altamente metilate): sono pectine in cui il grado di esterificazione è superiore al 50%.

- Pectine LM (debolmente metilate): sono pectine il cui grado di esterificazione è inferiore al 50%.

La pectina è ricca di acido D-galatturonico ed è classificata in quattro gruppi principali: Omogalatturonano (HG), Ramnogalatturonano I (RGI), Ramnogalatturonano II (RGII) e Xilogalatturonano (XGA).

- **Omogalattiironano (HG): è costituito da** una catena lineare di residui a-1,4-Gal A, che è spesso metilesterizzato in posizione C-6 e può essere acetilato in posizione O-2 e/o O-3 **(Jensen et al., 2008; Atnodjo et al., 2013)**.

- **Ramnogalatturonano I (RGI): consiste in** una spina dorsale con il disaccaride [a-1, 4-Gal A- a-1, 2- Rha] come unità ripetitiva di base. I residui di ramnosio nell'RGI sono spesso sostituiti con catene laterali di galattano, arabinosio o arabinogalattano I **(Jensen et al., 2008; Wicker et al., 2014)**.

- **Il ramnogalatturonano II (RGII)** è un polisaccaride con una struttura complessa che sembra essere notevolmente conservata in tutte le piante vascolari. L'RGII consiste in una corta catena di omogalatturonano sostituita da quattro diverse catene laterali ed è composto da 12 diversi monosaccaridi in più di 20 legami diversi (**Mohnen, 2008**).

- **Xilogalatturonano (XGA): consiste in una** spina dorsale di omogalatturonano (HG) sostituita da singoli residui di P-1,3- Xly o tali residui sono sostituiti da alcuni residui aggiuntivi di xilosio (**Jensen et al., 2008**).

1.4. Proprietà delle pectine

La pectina è un polisaccaride non digeribile classificato come fibra alimentare. Questo polisaccaride ha molti usi nell'industria alimentare (come addensante, stabilizzante o gelificante). Inoltre, la pectina ha una capacità di ritenzione idrica molto elevata. Queste proprietà funzionali dipendono dalla struttura della molecola di pectina e, soprattutto, dal suo grado di metilazione.

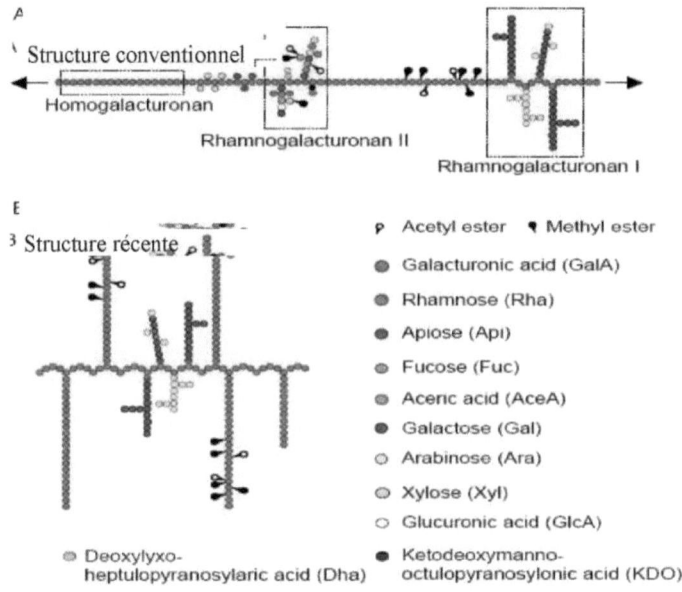

Figura 01. Struttura di base della pectina (**Willats et al., 2006**).

Il grado di metilazione è un parametro importante che influenza il processo e il meccanismo di associazione delle pectine nella formazione dei gel (**Combo et al., 2011**). Le pectine altamente metilate (HM) formano gel in presenza di zucchero e in ambiente acido. Un'applicazione di lunga data di questo tipo di pectine è la formazione di marmellata. Le pectine a basso contenuto di metile (LM) formano gel in presenza di ioni bivalenti, come gli ioni calcio. Oltre al grado di metilazione, anche la concentrazione di zuccheri o acidi, la presenza di catene laterali e la temperatura giocano un ruolo importante nella consistenza del gel (**Srivastava e Malviya, 2011**).

Queste proprietà conferiscono alla pectina una notevole importanza, molto ricercata nei vari campi di utilizzo: l'industria alimentare, farmaceutica, biotecnologica e del trattamento degli inquinanti (**Wicker et al., 2014**).

7

1.5. Principali usi della pectina

La tolleranza generale della pectina come sostanza naturale e il fatto che sia una fibra alimentare solubile la rendono adatta all'uso in diverse applicazioni.

La pectina è ampiamente utilizzata nell'industria alimentare come addensante ed emulsionante nei prodotti lattiero-caseari e come agente gelificante e stabilizzante colloidale in marmellate e gelatine.

Da un punto di vista nutrizionale, le pectine sono considerate fibre alimentari solubili con un'elevata capacità di ritenzione idrica. Sono utilizzate come fibre alimentari e hanno effetti fisiologici sul tratto intestinale, riducendo il tempo di transito e l'assorbimento del glucosio **(Olano-Martin et al., 2002)**.

L'uso delle pectine nello sviluppo di oligosaccaridi per applicazioni prebiotiche e farmaceutiche è un campo emergente. C'è grande interesse per gli oligosaccaridi pectici (POS) per il loro potenziale di utilizzo come prebiotici di nuova generazione. Alcune delle qualità attribuite a questi oligosaccaridi sono la protezione contro il cancro del colon e l'attività antibatterica. Repressione dell'accumulo di lipidi nel fegato, inibizione dell'adesione batterica alle cellule epiteliali e stimolazione della crescita di bifidobacterium ed eubacterium rectale **(Olano-Martin et al., 2002; Combo et al., 2011)**.

Sono stati riportati numerosi benefici per la salute in termini di riduzione della ritenzione di metalli pesanti nell'organismo **(Combo et al., 2011)**.

CAPITOLO 2
2. Metodologia

Questo lavoro è il frutto di due anni di lavoro di laboratorio, iniziato nell'aprile 2014 e terminato nel maggio 2016. Gli esperimenti sono stati condotti presso il Laboratorio di Tecnologia e Nutrizione Alimentare (TAN) della Facoltà di Scienze Naturali e della Vita dell'Università Abdelhamid Ibn Badis di Mostaganem e il Laboratorio di Microbiologia e Biochimica Alimentare della Facoltà di Scienze dell'Università Hassiba Ben Bouali di Chlef.

2.1. Materie prime

La materia prima utilizzata per estrarre la pectina è stata la buccia d'arancia della varietà *Citrus sinensis* L raccolta nella regione di Chlef nel dicembre 2014. Le bucce sono state separate dall'endocarpo, che rappresenta il 28% della massa del frutto. Le bucce sono state essiccate in forno a 50°C e poi riposte in sacchetti ermetici fino al successivo utilizzo.

Il latte scremato (latte scremato in polvere, Belgomilk CVBA-Belgio) utilizzato nel nostro esperimento ci è stato fornito da un caseificio di Mostaganem (Algeria).

2.2. Fermenti lattici

I due fermenti lattici specifici per lo yogurt utilizzati nello studio sperimentale, *Streptococcus thermophilus* (YC-X16) e *Lactobacillus bulgaricus* (CHN-11), provengono da CHR (HANSEN Danimarca) e sono confezionati in forma liofilizzata.

2.3. Processo di estrazione della pectina

La pectina è stata estratta con il metodo di **Rezzoug et *al* (2008)**. La pectina è stata estratta dalla buccia di *Citrus sinensis* in una soluzione acida calda, quindi precipitata in una soluzione alcolica al 96%° **(Figura 02)**.

La buccia d'arancia essiccata è stata frantumata per 20 secondi e la buccia frantumata (10 g) è stata aggiunta a una soluzione di 200 ml di acido cloridrico (HCl) 0,1N, fatta bollire in un sistema a riflusso a 90°C per 40 minuti e poi posta in ghiaccio per arrestare il processo di idrolisi. Il surnatante è stato recuperato dopo filtrazione.

La pectina è stata quindi precipitata con due volumi di alcol a 96° per un volume di surnatante. Il precipitato ottenuto è stato lavato con un volume di alcol a 96°. Il pellet è stato raccolto, essiccato e infine macinato in polvere. La resa in pectina è espressa in g/100g di buccia d'arancia essiccata.

La resa in pectina viene calcolata secondo la seguente equazione:

$$\mathcal{R}_{pectine} (\%) = 100 \times P / E$$

Dove (***Rpectin***) è la resa percentuale della pectina estratta, (P): il peso della pectina estratta e

9

(E): il peso della buccia d'arancia essiccata utilizzata durante l'estrazione.

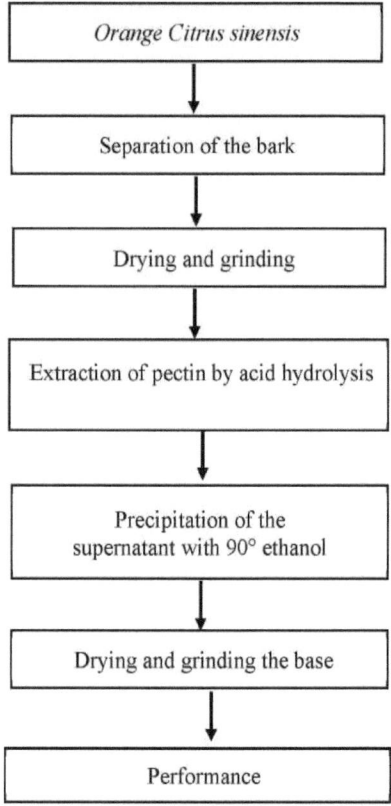

Figura 02. Diagramma di produzione della pectina (Rezzoug et _al._, 2008).

2.4. Preparazione del lievito madre

Il latte utilizzato per la preparazione del lievito madre è ricostituito da latte scremato in polvere, preparato in ragione di 130 g/l.

La miscela viene omogeneizzata fino a completa dissoluzione, quindi termizzata alla temperatura di 100°C per 2 minuti al fine di distruggere i germi patogeni e ridurre il numero di germi banali presenti nel latte. Il latte è stato poi raffreddato a 45°C e inoculato con ceppi lattici puri liofilizzati specifici per lo yogurt in ragione di 0,25g/l di _Lactobacillus bulgaricus_ (CHN-11) e 0,5g/l di _Streptococcus thermophilus_ (YC-X16).

Dopo l'attivazione dei ceppi mediante semplice cottura a vapore a 45°C, la pasta acida lattica è stata recuperata e orientata per essere utilizzata nei vari processi sperimentali di produzione del latte. Il lievito madre preparato aveva un rapporto di ceppi di due volte _Streptococcus thermophilus_ e di una volta _Lactobacillus bulgaricus_ **(Figura 03)**.

10

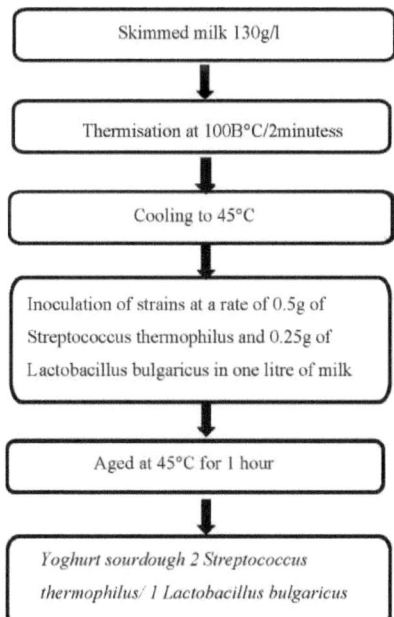

```
┌─────────────────────────────────────┐
│         Skimmed milk 130g/l          │
└─────────────────────────────────────┘
                  │
                  ▼
┌─────────────────────────────────────┐
│    Thermisation at 100B°C/2minutess  │
└─────────────────────────────────────┘
                  │
                  ▼
┌─────────────────────────────────────┐
│            Cooling to 45°C           │
└─────────────────────────────────────┘
                  │
                  ▼
┌─────────────────────────────────────┐
│  Inoculation of strains at a rate of 0.5g of │
│  Streptococcus thermophilus and 0.25g of     │
│  Lactobacillus bulgaricus in one litre of milk│
└─────────────────────────────────────┘
                  │
                  ▼
┌─────────────────────────────────────┐
│        Aged at 45°C for 1 hour       │
└─────────────────────────────────────┘
                  │
                  ▼
┌─────────────────────────────────────┐
│  Yoghurt sourdough 2 Streptococcus   │
│  thermophilus/ 1 Lactobacillus bulgaricus │
└─────────────────────────────────────┘
```

Figura 03. Fasi della preparazione del lievito madre lattico.

2.5. Processo per la produzione di yogurt sperimentali

Il latte ricostituito utilizzato è stato preparato con 140 g/l di latte in polvere al 26% di grassi. Il latte è stato poi trattato termicamente a una temperatura di laboratorio di 100°C per 2 minuti per pastorizzarlo. Una volta raffreddato a 45°C, la pectina è stata incorporata nei campioni di latte a tassi diversi: 0, 0,1, 0,3 e 0,6%. L'inoculo di ceppi lattici specifici per lo yogurt (CHR, HANSEN Denmark) è stato effettuato nelle prove a un tasso di pasta acida del 3% e a un rapporto tra ceppi di *Streptococcus thermophilus* e ceppi di *Lactobacillus bulgaricus* di 2S/1L.

Ogni parametro sperimentale è stato rappresentato in triplo in 3 vasetti da 100 ml. Dopo la cottura a vapore dei campioni a 45°C per 4 ore durante la fase di fermentazione, i latti fermentati sperimentali sono stati raffreddati e conservati a 4°C per 21 giorni durante il periodo di post-acidificazione.

2.6. Caratterizzazione della pectina

2.6.1. Umidità e ceneri

Il contenuto di ceneri e di umidità della pectina viene determinato con il metodo **AOAC (1980)**. L'umidità viene determinata essiccando 1 g di pectina a 100°C per 4 ore.

Il contenuto di ceneri viene determinato incenerendo 1 g di pectina in un forno a muffola a 600°C per 4 ore. Il contenuto di ceneri viene calcolato con la seguente formula:

$$\text{Cenere} = \frac{\textit{Massa di cenere}}{\textit{Massa pectinica}} \times 100$$

2.6.2. Determinazione del peso equivalente

Il peso equivalente, il contenuto di metossile e il contenuto di acido galatturonico sono determinati utilizzando il metodo proposto da **Owens et** *al* **(1952)**. Il valore del peso equivalente viene utilizzato per calcolare il contenuto di acido galatturonico.

Il peso equivalente viene determinato misurando 0,5 g di pectina in una fiala con 5 ml di etanolo. Successivamente, si aggiunge alla soluzione 1 g di cloruro di sodio (NaCl). Si aggiungono quindi 100 ml di acqua distillata e 6 gocce di rosso fenolo (come indicatore di colore). La miscela è stata quindi agitata rapidamente per garantire che la pectina fosse ben solubilizzata.

La soluzione viene titolata con NaOH (0,1N) finché il colore dell'indicatore (rosso fenolo) diventa rosa persistente per almeno 30 secondi. La soluzione neutralizzata viene utilizzata per determinare il contenuto di metossile (MeO). Per calcolare il peso equivalente si utilizza la seguente equazione:

$$\text{Peso equivalente} = \frac{\textit{Massa del campione} \times 1000}{\textit{Volume di NaOH x normalità di NaOH}}$$

2.6.3. Contenuto di metossile

Il contenuto di metossile (MeO) è stato determinato aggiungendo 25 ml di NaOH 0,25N alla soluzione neutralizzata con agitazione, lasciando poi riposare la soluzione per 30 minuti a temperatura ambiente. Successivamente, si aggiungono 25 ml di HCl (0,25N) e si titola la soluzione con NaOH (0,1N) finché il colore dell'indicatore (rosso fenolo) diventa rosa. Per calcolare il contenuto di metossile si utilizza la seguente equazione:

$$\text{MeO (\%)} = \frac{\textit{meq di NaOH} \times 31 \times 100}{\textit{massa del campione (mg)}}$$

Dove: meq: melli equivalenti ;

31: peso molecolare del metossile (MeO).

2.6.4. Contenuto di acido galatturonico

Il contenuto di acido galatturonico viene calcolato in base al valore di peso equivalente e al contenuto di metossile (MeO) secondo la seguente equazione:

$$\text{AG (\%)} = \frac{176 \ (\textit{meq NaOH per acido libero + meq NaOH per saponificazione}) \times 100}{\textit{massa del campione (mg~)}}$$

12

Dove: **176**: peso molecolare dell'acido uronico.

2.6.5. Grado di esterificazione

Il grado di esterificazione della pectina (DE) è calcolato come segue:

$$\text{DE}\,(\%) = \frac{176 \times \text{MeO}\,(\%) \times 100}{31 \times \text{AU}\,(\%)}$$

Dove: **MeO**: contenuto di metossile

      AU: contenuto di acido uronico.

2.7. Analisi fisico-chimiche e microbiologiche degli yogurt con aggiunta di pectina

Le analisi fisico-chimiche e microbiologiche sono state effettuate a 2 e 4 ore durante il periodo di fermentazione e settimanalmente durante il periodo di post-acidificazione, mentre i campioni sono stati conservati al freddo a 4°C per 21 giorni.

2.7.1. Analisi fisico-chimiche

Le analisi fisico-chimiche sono state effettuate secondo il metodo **AOAC (2005)**.

a. pH e acidità

Il pH viene misurato con un pH-metro calibrato con due soluzioni: una basica e l'altra acida alla temperatura di 25°C.

L'acidità dornica viene determinata titolando 10 ml di un campione sperimentale di latte fermentato con NaOH 0,1 N in presenza di fenolftaleina come indicatore di colore. I risultati sono espressi in gradi Dornic (**AFNOR, 1980**).

b. Viscosità

La viscosità viene determinata con un viscosimetro a sfera cadente. La viscosità viene determinata utilizzando un tubo di vetro di 18 mm di diametro e 18 cm di lunghezza dotato di un cronometro e di una sfera standardizzata. La viscosità è espressa in Pascal secondi (Pas) secondo la seguente equazione:

$$\eta = \frac{(\rho'-\rho).g.D^2}{18.v} \quad \text{o anche} \quad \eta = K.(\rho'-\rho).t$$

η: viscosità dinamica (Pas) ;

ρ': densità della sfera (gm-3) ;

ρ: densità dello yogurt sperimentale (gm-3);

g: la forza di gravità (9,81 ms);$^{-2}$

D: diametro della sfera (m) ;

v: velocità della sfera (ms-1).

2.7.2. Analisi microbiologiche

Lo *Streptococcus thermophilus* e il *Lactobacillus bulgaricus sono stati* contati utilizzando il metodo descritto dall'**International Dairy Federation (IDF Standard 306) (2003)**. Per il conteggio dello *Streptococcus thermophilus* è stato utilizzato il terreno M17 e per il conteggio del *Lactobacillus bulgaricus* il terreno MRS. I risultati sono espressi come unità formanti colonie (UFC) per millilitro di campione di prodotto.

2.8. Test organolettico

Ogni 7 giorni, durante il periodo di conservazione post-acidificazione a 4°C, la qualità organolettica dei latti fermentati sperimentali è stata valutata da un panel di assaggiatori, utilizzando una scala di valutazione da 1 a 10. L'esame organolettico consiste nel valutare i prodotti sperimentali in base a diversi parametri: gusto, coesività, adesività, retrogusto, odore ed essudazione del siero.

Gusto: consiste nel valutare l'entità dell'acidità sviluppata dai germi lattici insediati nei latti fermentati di tipo yogurt durante la conservazione.

Coesività: determina la capacità massima del campione di deformarsi prima di rompersi quando viene schiacciato tra le dita.

Adesività: esprime l'intensità delle forze interfacciali sviluppate tra la superficie del coagulo e la superficie di un cucchiaio quando il prodotto viene prelevato.

Retrogusto: al panellista viene chiesto di valutare la possibilità di un retrogusto.

Essudazione del siero di latte: si tratta di valutare la quantità di siero di latte essudato.

Odore: al panelista viene chiesto di rilevare se il prodotto assaggiato emana o meno una sensazione di cattivo odore.

2.9. Elaborazione statistica

I risultati delle analisi fisico-chimiche e microbiologiche sono stati elaborati statisticamente mediante un'analisi della varianza bifattoriale a randomizzazione totale, seguita da un confronto delle medie a due a due secondo il test di NEWMAN e KEULS. Quelli relativi all'esame organolettico, invece, sono stati elaborati con il test non parametrico di Friedman (**Stat Box 6.4**).

14

CAPITOLO 3
3. Risultati

3.1. Caratteristiche della pectina

La resa di estrazione della pectina nel nostro studio è stata stimata al 24,33% ± 0,5

Il contenuto di umidità della pectina commerciale (12,67% ± 1,60) è superiore a quello della pectina di buccia d'arancia (11,52% ± 0,22). Il contenuto di ceneri della pectina di buccia d'arancia è valutato pari a (9,00% ± 1,00%), mentre quello della pectina commerciale è dell'ordine di (11,33% ± 0,57%).

Il peso equivalente della pectina commerciale è superiore (p<0,05) al peso equivalente della pectina ottenuta dall'estrazione della buccia d'arancia; rispettivamente 8492,09 e 620,03. Il contenuto di metossile della pectina di buccia d'arancia (1,73%) è risultato significativamente inferiore (p<0,05) a quello della pectina commerciale (2,02%). Per quanto riguarda il grado di esterificazione, i valori della pectina *di Citrus sinensis* sono inferiori (p<0,01) a quelli della pectina commerciale (28,79% e 82,03%) **(Tabella 01)**.

Tabella 01: Caratteristiche della pectina *di Citrus sinensis* e della pectina commerciale

	Pectina di buccia d'arancia	Pectina commerciale
Contenuto di ceneri (%)	9.00 b±1.00	11.33a ± 0.57
Umidità (%)	11.52b ± 0.22	12.67a ± 1.60
Peso equivalente	620.03b ± 21.75	8492.06a ±1435.17
MeO (%)	1.73b ± 0.22	2.02a ± 0.13
DE (%)	28.79b ± 1.89	82.03a ± 3.74
AG(%)	39.89a ± 0.73	11.96b ± 1.05
Colore	Bianco giallo	Bianco

I risultati sono espressi come media seguita dall'errore standard; a, b: confronto statistico delle medie a coppie; GA: acido galatturonico; DE: grado di esterificazione; MeO: metossile.

L'acido galatturonico, che indica il grado di purezza della pectina, mostra che la pectina estratta dalla corteccia di *Citrus sinensis,* oggetto dello studio, conteneva il 39,86% in più di acido galatturonico (p<0,01) rispetto alla pectina commerciale (11,96%). Questi risultati dimostrano che la purezza della pectina estratta dalla corteccia di *Citrus sinensis* è superiore a quella della pectina commerciale **(Tabella 01)**.

3.2. Qualità fisico-chimica del latte fermentato con aggiunta di pectina 3.2.1 pH

Durante il periodo di fermentazione, è stata registrata una netta diminuzione dei valori di pH,

15

con valori medi di 4,94 a 2 ore e 4,57 dopo 4 ore di cottura a vapore. D'altra parte, la diminuzione del pH durante il periodo di post-acidificazione è stata lenta e graduale, con valori medi che variavano da 4,13 a 4,12 e 4,05 rispettivamente a 7ème, 14ème e 21ème giorni (**Tabella 02**).

Tabella 02: Evoluzione del contenuto medio di pH degli yogurt con aggiunta di pectina

Periodi		Pectina incorporata (%)				Effetto dell'incorporaz ione di pectina
		0%	0.1 %	0.3 %	0.6 %	
Fermentazione	2 H	$5,34^a \pm 0,01$	5.18 b ± 0.07	$4,92^c \pm 0,02$	$4,92^c \pm 0,03$	* *
	4 H	$4,63^a \pm 0,01$	$4,65^a \pm 0,03$	4.5 b ± 0.01	4.49 b ± 0.02	* *
Post-acidificazione	7 J	$4,19^a \pm 0,03$	4.13b ± 0.01	4.09 b ± 0.01	4.09 b ± 0.01	* *
	14 J	4.13 ± 0.03	4.15 ± 0.01	4.1 ± 0.01	4.11 ± 0.03	NS
	21 J	4.11 ± 0.03	4.04 ± 0.06	4.02 ± 0.01	4.02 ± 0.01	NS

I risultati sono espressi come media seguita dall'errore standard; ** effetto altamente significativo ($p<0,01$) dell'aggiunta di pectina; NS: effetto non significativo ($P>0,05$) dell'aggiunta di pectina; a, b, c: confronto statistico delle medie a due a due.

Per tutto il periodo di fermentazione e durante la prima settimana di post-acidificazione, si è stabilita una relazione inversamente proporzionale tra i valori di pH dei latti sperimentali e le dosi di pectina aggiunte ($p<0,01$).

Per la seconda e terza settimana di conservazione, i valori di pH si sviluppano indipendentemente dai livelli di pectina, stabilizzandosi ai valori finali (4,11, 4,04, 4,02 e 4,02) per dosi di pectina (0, 0,1, 0,3 e 0,6%) incorporate nei prodotti, rispettivamente (**Tabella 02**).

3.1.1. Acidità

Durante il periodo di fermentazione, l'acidità dornica degli yogurt addizionati di pectina ha mostrato un chiaro aumento da una media di 70,29°D a 2 ore a 90,50°D dopo 4 ore di fermentazione.

Tabella 03: Variazioni dell'acidità dornica degli yogurt con aggiunta di pectina

Periodi		Pectina incorporata (%)				Effetto dell'incorporazi one di pectina
		0%	0.1 %	0.3 %	0.6 %	
Fermentazione	2 H	68.33b ± 11.24	$54,33^c \pm 3,21$	70.5b ± 6.26	$88^a \pm 1,73$	* *
	4 H	$80,66^c \pm 1,52$	90.66b ± 1.52	91.66 b ± 5.68	$99^a \pm 3,60$	* *
Post-	7 J	87.33 ± 5.77	$92.66 \pm$	$100.83 \pm$	99.66 ± 3.51	NS

16

acidificazione		11.01	3.32			
14 J	89.33 ± 6.65	96.66 ± 3.51	99.26 ± 4.19	99.66 ± 8.62	NS	
21 J	89.66 ± 7.09	98 ± 8.71	99.1 ± 7.53	100 ± 4.58	NS	

I risultati sono espressi come media seguita dall'errore standard; ** effetto altamente significativo (p<0,01) dell'aggiunta di pectina; NS: effetto non significativo (P>0,05) dell'aggiunta di pectina; a, b, c: confronto statistico delle medie a due a due.

Durante il periodo di post-acidificazione, si è registrato un progressivo aumento dell'acidità dei latti fermentati sperimentali, che è andata da 95,12°D all'inizio della conservazione, a una media di 96,23°D al 14° giorno^{ème}, raggiungendo 96,69°D dopo 21ème giorni di conservazione a freddo dei campioni a 4°C **(Tabella 03)**.

Inoltre, durante il periodo di fermentazione, risulta che l'acidità dornica è proporzionale all'aumento del tasso di aggiunta di pectina da (0, a 0,1, a 0,3 e a 0.6%) negli yogurt sperimentali (p<0,01); cioè livelli che variano da (68,33, a 54,33, a 70,5 e a 88°D) dopo 2 ore e da (80,67, a 90,67, a 91,67 e a 99°D) dopo 4 ore di cottura a vapore, rispettivamente.

La seconda fase di post-acidificazione è stata caratterizzata da un leggero aumento dell'acidità dornica nel corso delle tre settimane di conservazione, con valori che variano da (87,33, a 92,67, a 100,83, a 99.67°D) il 7ème giorno, da (89,33, a 96,67, a 99,27 e a 99,67°D) il 14ème giorno e da (89,67, a 98, a 99,1 e a 100°D) il 21ème giorno di sperimentazione, rispettivamente per i prodotti con pectina aggiunta a (0, 0,1, 0,3 e 0,6%) **(Tabella 03)**.

3.1.2. Viscosità

Complessivamente, durante tutto il periodo di fermentazione, la viscosità dei latti fermentati tendeva ad aumentare da (8,72 Pas) a 2 ore di fermentazione dei prodotti nel forno, a (23,82 Pas) in media dopo 4 ore, al termine della fermentazione.

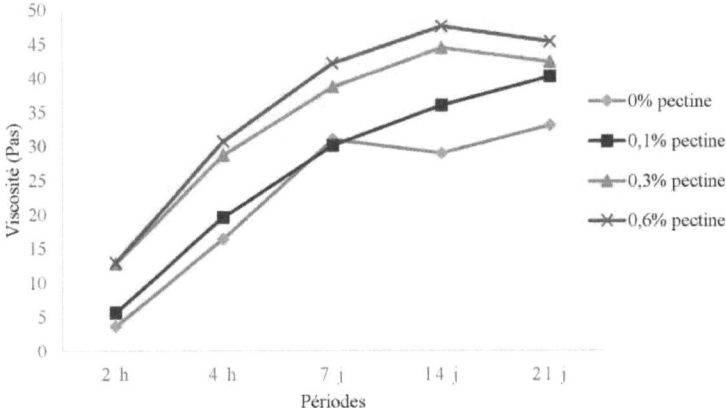

Figura 04. Variazioni della viscosità media (Pas) dei latti fermentati sperimentali durante i

17

periodi di fermentazione e post-acidificazione.

Durante il periodo post-acidificazione, la viscosità è aumentata allo stesso modo, con valori medi che variano da 35,47 a 39,23 e 40,23 Pas al 7°, 14° e 21° giorno di conservazione dei campioni di latte fermentato a freddo a 4°C **(Figura 04)**.

Durante la fase di fermentazione, i risultati mostrano un aumento della viscosità, correlato positivamente con l'aumento (0, 0,1, 0,3 e 0,6%) dei livelli di pectina incorporati nei latti fermentati ($p < 0,01$); cioè i rispettivi valori variano da 3,59, a 5,58, a 12,76 e a 12,93 Pas a 2 ore, e da 16,36, a 19,55, a 28,66 e a 30,68 Pas dopo 4 ore di cottura a vapore.

Tabella 04. Variazione della viscosità degli yogurt con aggiunta di pectina

Periodi		Pectina incorporata (%)				Effetto dell'incorporazione di pectina
		0%	0.1 %	0.3 %	0.6 %	
Fermentazione	2 h	3.59b ± 0.58	5.58b ± 2.11	12,76[a] ± 1,37	12,93[a] ± 1,96	* *
	4 h	16.36b ± 1.39	19,55[a] b ± 5,29	28,66[a] ± 7,26	30,68[a] ± 5,24	*
Post-acidificazione	7 J	30.98b ± 0.67	30.11b ± 5.13	38,64[a] ± 1,95	42,17[a] ± 1,48	* *
	14 J	28,95[c] ± 4,52	35.98b ± 3.79	44,42[a] ± 2,34	47,56[a] ± 1,84	* *
	21 J	33.05b ± 1.81	40,18[a] ± 1,55	42,35[a] ± 2,68	45,35[a] ± 4,01	* *

I risultati sono espressi come media seguita dall'errore standard; ** effetto altamente significativo ($p < 0,01$) dell'aggiunta di pectina; NS: effetto non significativo ($P > 0,05$) dell'aggiunta di pectina; a, b, c: confronto statistico delle medie a due a due.

D'altra parte, l'effetto dell'aggiunta di pectina d'arancia sulla viscosità dei prodotti è stato altamente significativo ($p < 0,01$) durante il periodo di conservazione a freddo post-acidificazione, con valori variabili da 28,95, a 35,98, a 44,42 e a 47,56 Pas al 14 giorno e da 33,05, a 40,18 poi a 42,35 e a 45,35 Pas al 21 giorno.95, a 35,98, a 44,42 e a 47,56 Pas al 14° giorno[ème] e da 33,05, a 40,18 poi a 42,35 e a 45,35 Pas al 21° giorno[ème] e questo per tassi di incorporazione della pectina pari a (0, 0,1, 0,3 e 0,6%) successivamente negli yogurt **(Tabella 04)**.

3.3. Qualità microbiologica del latte fermentato addizionato di pectina 3.3.1. *Streptococcus thermophilus*

Nel complesso, l'evoluzione del numero di *Streptococcus thermophilus* negli yogurt

18

sperimentali è stata caratterizzata da un chiaro aumento durante la fermentazione, con valori medi che sono passati da 454 x 105 a 616 x 105 UFC/mL dopo 2 ore e 4 ore di fermentazione, successivamente.

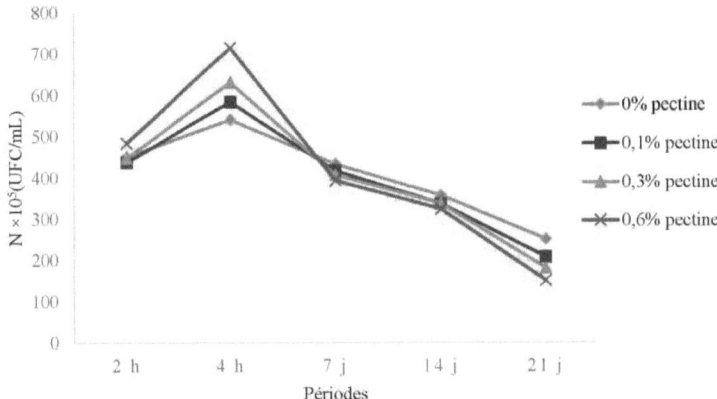

Figura 05. Variazioni del numero di *Streptococcus thermophilus* (UFC/mL) negli yogurt con aggiunta di pectina.

Durante il periodo di post-acidificazione, il numero medio di *Streptococcus thermophilus* negli yogurt sperimentali è sceso da 412×10^5 CFU/mL il giorno 7ème a 169×10^5 CFU/mL alla fine del periodo di conservazione **(Figura 05).**

Alla fine del periodo di fermentazione, il numero di germi sembra essere più elevato all'aumentare del tasso di incorporazione della pectina nei prodotti in esame (p>0,05), con valori che variano da (540*105, a 583*105, a 630*105 e a 714*105 UFC/mL) per tassi di pectina (0, 0,1, 0,3 e 0,6%) incorporati negli yogurt, rispettivamente.

D'altra parte, è stato osservato che durante il periodo di conservazione il numero di germi è diventato inversamente proporzionale ai tassi di aggiunta di pectina (p>0.05); con valori di (433x105, 417x105, 407x105 e 393x105 CFU/mL) al 7ème giorno, (356x105, 336x105, 336x105 e 323x105 CFU/mL) al 14ème giorno e (250×10^5, 207×10^5, 180×10^5 e 150×10^5 CFU/mL) dopo 21 giorni di conservazione a freddo.

L'analisi della varianza mostra un effetto non significativo del tasso di incorporazione della pectina sulla variazione media del numero di *Streptococcus thermophilus* nei latti fermentati sperimentali durante i periodi di fermentazione e post-acidificazione.

3.3.1. *Lactobacillus bulgaricus*

Il numero di *Lactobacillus bulgaricus* negli yogurt con aggiunta di pectina è aumentato da 397×10^5 CFU/mL a 2 ore a una media di 809×10^5 CFU/mL dopo 4 ore di cottura a vapore.

Questo aumento è continuato fino al 14° giorno[ème] di conservazione, con un valore medio che

19

ha raggiunto (10×10^7 CFU/mL) al 7° giorno[ème] , (10×10^7 CFU/mL) al 14° giorno[ème] , seguito da una diminuzione del numero di lattobacilli a (7×10^7 CFU/mL) alla fine del periodo di conservazione a 4°C **(Figura 06)**.

Durante le 4 ore di fermentazione, il numero di *Lactobacillus bulgaricus* è aumentato in base alle percentuali variabili di 0, 0,1, 0,3 e 0,6% di pectina incorporata (p<0,05); con valori che variavano notevolmente nei prodotti e rispettivamente da (710×10^5 , a 800×10^5 , a 824×10^5 , e a 904×10^5 CFU/mL) dopo 4 ore di fermentazione.

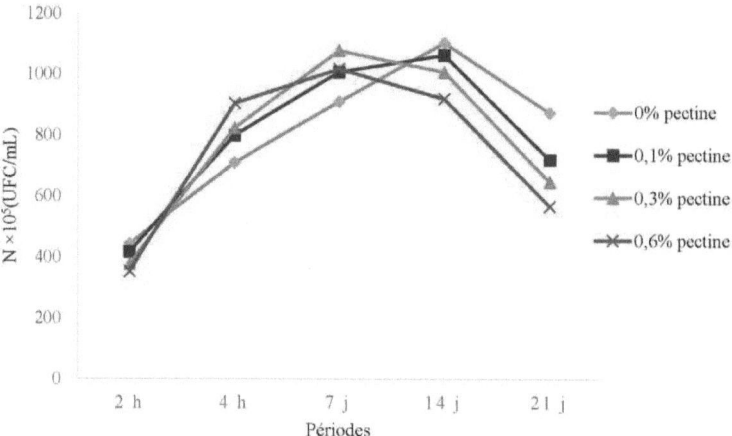

Figura 06. Variazioni del numero di *Lactobacillus bulgaricus* (10^5 CFU/ml) nel latte fermentato con aggiunta di pectina.

Questa tendenza è continuata fino al 7° giorno[ème] di post-acidificazione, e anche oltre, poi si è stabilita una relazione inversamente proporzionale tra il numero di germi e il livello di pectina aggiunta, dalla seconda settimana fino alla fine di questa fase di conservazione; con valori che fluttuano da (874×105, a 720×105, a 647×105 e a 567×105 UFC/mL) per livelli di pectina variabili di (0, 0. 1, 0,3 e 0,6%) rispettivamente negli yogurt sperimentali.1, 0,3 e 0,6%) negli yogurt sperimentali, rispettivamente.

L'analisi della varianza ha rivelato un effetto significativo del tasso di incorporazione della pectina sulla variazione media del numero di *Lactobacillus bulgaricus* negli yogurt sperimentali durante i periodi di fermentazione e post-acidificazione.

3.4. Qualità organolettica dei latti fermentati integrati con pectina 3.4.1. Gusto :

Durante il periodo di post-acidificazione, gli yogurt con aggiunta di pectina (0, 0,1, 0,3 e 0,6%) presentavano valori di rank sum che variavano da 31, 30, 19,5 e 19,5 rank sum al 1° giorno[er] a 33,5, 31,5, 21,5 e 13,5 dopo 21 giorni di conservazione a 4°C, rispettivamente. I risultati della (**Tabella 05)** mostrano che gli yogurt con l'aggiunta di 0,6% di pectina presentano i migliori valori gustativi

20

rispetto agli yogurt con 0, 0,1 e 0,3% di pectina.

Durante il periodo post-acidificazione, la giuria ha valutato il gusto degli yogurt sperimentali come buono; il miglioramento del gusto era proporzionale ai livelli di pectina aggiunti ($p<0,01$). Questo è stato chiaramente osservato nella seconda e terza settimana di conservazione ($p<0,01$) (**Tabella 05**).

Tabella 05: Valutazione sensoriale del gusto (Rank Sum) dei latti fermentati con aggiunta di pectina.

Periodo	Pectina incorporata (%)				Effetto dell'incorporazione di pectina
	0 %	0.1 %	0.3 %	0.6 %	
1j	31 [a]	30 [a]	19.5 [a]	19.5 [a]	*
7j	28	29.5	22	20.51	NS
14j	30.5 [a]	29.5 [a]	24 [ab]	16 [b]	* *
21 j	33.5 [a]	31.5 [a]	21.5 [b]	13.5 [c]	* *

I risultati sono espressi come somme di rango; **: effetto altamente significativo ($p<0,01$) dell'aggiunta di pectina; *: effetto significativo ($p<0,05$) dell'aggiunta di pectina; NS: effetto non significativo ($P>0,05$) dell'aggiunta di pectina; a, b, c: confronto statistico delle somme di rango.

3.4.1. Coesione :

Durante la fase di conservazione, l'evoluzione delle somme di rango della coesività degli yogurt sperimentali tende ad aumentare con l'incremento dei livelli di pectina ($p<0,01$), ossia somme di rango medie di (32,63, 35, 18 e 14,63) per dosi di pectina di (0, 0,1, 0,3 e 0,6%) incorporate nei prodotti rispettivamente (**Tabella 06**).

Tabella 06. Valutazione sensoriale della coesività (somme di rango) dei latti fermentati con aggiunta di pectina.

Periodo	Pectina incorporata (%)				Effetto dell'incorporazione di pectina
	0%	0.1 %	0.3 %	0.6 %	
1 j	30.5 [a]	32 [a]	20 [b]	17.5 [b]	* *
7 j	33.5 [a]	35.5 [a]	18 [b]	13 [c]	* *
14 j	33 [a]	36 [a]	17 [b]	14 [b]	* *
21 j	33.5 [a]	35.5 [a]	17 [b]	14 [b]	* *

I risultati sono espressi come somme di rango; **: effetto altamente significativo ($p<0,01$) dell'aggiunta di pectina; a, b, c: confronto statistico delle somme di rango.

21

Dopo 21 giorni di conservazione, gli yogurt addizionati con lo 0,6% di pectina hanno registrato i migliori valori di coesività (14 somme di rango); d'altro canto, quelli addizionati con lo 0, lo 0,1 e lo 0,3% hanno avuto valori di coesività mediocri, rispettivamente di 33,5, 35,5 e 17 somme di rango. L'analisi della varianza mostra l'effetto altamente significativo del tasso di incorporazione della pectina sull'evoluzione della coesività degli yogurt sperimentali durante la conservazione a freddo dei prodotti per 21 giorni del periodo post-acidificazione.

3.4.2. Adesività :

Durante i 21 giorni di conservazione a freddo, tutti i campioni con diverse quantità di pectina incorporata (0,1, 0,3 e 0,6%) presentavano valori medi di somma di rango rispettivamente di (26,25, 24 e 17) rispetto al controllo (0% di pectina) per il quale è stato registrato un valore medio di (27,63). L'adesività sembra quindi essere migliorata con l'aumento del contenuto di pectina nei prodotti.

L'elaborazione statistica dei risultati rivela che il tasso di incorporazione della pectina ha un effetto significativo ($p<0,05$) sulle variazioni della viscosità degli yogurt sperimentali durante il periodo di post-acidificazione (Tabella 07).

Tabella 07: Valutazione sensoriale della vischiosità (somme di rango) dei latti fermentati con aggiunta di pectina durante il periodo di post-acidificazione.

Periodi	Pectina incorporata (%)				Effetto dell'incorporazione di pectina
	0%	0,1 %	0,3 %	0,6 %	
1 j	17.5	20	23	19	NS
7 j	31[a]	26.5 [ab]	26.5 [ab]	16 [b]	*
14 j	31 [a]	28.5 [a]	24.5 [ab]	16 [b]	*
21 j	31 [a]	30 [a]	22 [ab]	17 [b]	*

I risultati sono espressi come somme di rango; *: effetto significativo ($p<0,05$) dell'aggiunta di pectina; NS: effetto non significativo ($p>0,05$); a, b: confronto statistico delle somme di rango.

3.4.3. Retrogusto :

Durante il periodo di post-acidificazione, il panel di degustazione ha concluso che il retrogusto era più pronunciato quanto più bassi erano i livelli di pectina d'arancia incorporati nei prodotti ($p<0,01$), con medie di rango che variavano da (39,75, a 29,62, a 18,75 e a 11,87) per livelli di pectina che variavano da (0, 0,1, 0,3 e 0,6%) rispettivamente nei prodotti (Tabella 08).

Tabella 08: Valutazione sensoriale del retrogusto (somme di rango) dei latti fermentati con aggiunta di pectina.

Periodo	Pectina incorporata (%)				Effetto dell'incorporazione di pectina n
	0%	0,1 %	0,3 %	0,6 %	
1 j	40 [a]	29 b	20 b	11 [d]	* *
7 j	40 [a]	29.5 b	18.5 [c]	12 [d]	* *
14 j	39.5 [a]	30 b	18 [c]	12.5 [d]	* *
21 j	39.5 [a]	30 b	18.5 [c]	12 [d]	* *

I risultati sono espressi come somme di rango; **: effetto altamente significativo (p<0,01) dell'aggiunta di pectina; NS: effetto non significativo (p>0,05); a, b, c, d: confronto statistico delle somme di rango.

3.4.4. Essudazione del siero di latte :

Durante il periodo di conservazione a freddo a 4°C, tutti i campioni con pectina incorporata (0,1, 0,3 e 0,6%) hanno mostrato valori di rank sum che variano in media da (29,38, a 24,88 e a 16,5) rispettivamente. Questi valori sono comunque migliori rispetto a quelli del controllo standard senza pectina (0%), per il quale è stata registrata una somma di rango di 29,38. Pertanto, il fenomeno dell'essudazione del siero si è dimostrato inversamente proporzionale (p<0,01) all'aumento delle dosi di pectina nei prodotti sperimentali (Tabella 09).

L'analisi della varianza mostra un effetto altamente significativo (p<0,01) del tasso di incorporazione della pectina sulle variazioni dell'essudazione del siero dai latti fermentati sperimentali durante il periodo di post-acidificazione.

Tabella 09: Valutazione sensoriale dell'essudazione del siero (somme di rango) dei latti fermentati con aggiunta di pectina.

Periodi	Pectina incorporata (%)				Effetto dell'incorporazione di pectina
	0%	0,1 %	0,3 %	0,6 %	
1 j	25.5	30	26	17.5	NS
7 j	23.5 [a]	33.5 [a]	28 [a]	15 b	* *
14 j	31 [a]	30 [a]	23,5 b[a]	17 b	*
21 j	37.5 [a]	24 b	22 b	16.5 b	* *

I risultati sono espressi come somme di rango; **: effetto altamente significativo (p<0,01) dell'aggiunta di pectina; *: effetto significativo (p<0,05) dell'aggiunta di pectina; NS: effetto non significativo (p>0,05); a, b: confronto statistico delle somme di rango.

CAPITOLO 4

4. Discussione

4.1. Caratteristiche chimiche e tecno-funzionali delle pectine

La resa di estrazione della pectina è stimata al 24,33%. Questa resa è vicina a quella riportata da **Maran et al. (2013)**, pari a circa il 19,24%. Invece, **Zanella e Taranto (2015)** hanno riscontrato rese di estrazione della pectina di albedo arancione dalla varietà *Citrus sinensis L. osbeck* molto elevate, pari al 38,21%. Tuttavia, un altro lavoro di **Guo et al. (2012)** ha mostrato rese molto basse, pari a circa il 15,47%. I parametri di estrazione (pH, tempo e temperatura) e le caratteristiche della materia prima sono all'origine di queste variazioni **(Fishman et al., 2000)**. **Kalapathy e Proctor (2001)** hanno dimostrato che una bassa temperatura e un breve tempo di estrazione portano a una bassa resa di estrazione, inoltre l'acido utilizzato per l'estrazione e la natura dell'alcol utilizzato per la precipitazione possono influenzare fortemente la resa di estrazione della pectina. Il riscaldamento della soluzione di HCl consente l'idrolisi dei componenti pectici situati principalmente nello strato intermedio delle pareti cellulari (proto-pectina), aumentando la resa di pectina. **Chan e Choo (2013)** hanno riscontrato che una bassa temperatura è insufficiente per l'idrolisi della protopectina (forma insolubile della pectina) da parte dell'acido, con conseguente bassa resa di pectina.

I polisaccaridi pectici si trovano principalmente nella lamella centrale tra le cellule dei tessuti delle piante superiori. Hanno un peso molecolare elevato e sono strettamente legati agli altri polimeri che compongono le pareti cellulari, il che impedisce il loro rilascio dalla matrice cellulare. Per estrarre le sostanze pectiche contenute nella buccia d'arancia, è stato raccomandato il pretrattamento a microonde del materiale vegetale per facilitare l'estrazione della pectina **(Kratchanova et al., 2004; Rezzoug et al., 2008)**. **Kratchanova et al. (2004)** hanno riferito che durante il pretrattamento a microonde si accumula una notevole pressione all'interno delle cellule. Questa pressione elevata altera le proprietà fisiche del tessuto della buccia d'arancia e la sua forma di base, rompendo la struttura cellulare e migliorando la struttura capillare porosa del tessuto d'arancia. Questo dispositivo consente una migliore penetrazione del solvente di estrazione nel tessuto, migliorando così l'estrazione della pectina e riducendo notevolmente i tempi di estrazione.

Gli stessi autori hanno anche riportato che il pretrattamento delle bucce di frutta con le microonde porta necessariamente a un notevole aumento della resa e della qualità della pectina. Ciò è dovuto in primo luogo alla parziale disintegrazione dei tessuti vegetali e all'idrolisi della protopectina, e in secondo luogo alla rapida inattivazione degli enzimi pectolitici **(Kratchanova et al., 2004)**.

Inoltre, **Yapo (2009)** riferisce che l'acido citrico consente di estrarre una pectina meno degradata (senza depolimerizzazione o deesterificazione). Di conseguenza, si ottengono isolati di

24

pectina con migliori proprietà gelificanti, che possono essere utilizzati nel settore agroalimentare anche se contengono residui acidi, senza presentare alcun pericolo per i consumatori. D'altra parte, l'estrazione con acidi forti, come l'acido cloridrico, comporta l'estrazione di pectina più o meno alterata (depolimerizzazione e/o de-esterificazione), ma rimane il metodo più utilizzato su scala industriale, grazie alla disponibilità di acidi minerali e al loro basso costo. L'uso di soluzioni di acidi forti sembra essere il più adatto, soprattutto in considerazione delle maggiori rese di estrazione della pectina ottenute rispetto all'uso dell'acido citrico **(Kanmani et al., 2014; Zanella e Taranto 2015)**.

I livelli di umidità sembrano essere bassi nei nostri campioni rispetto alla pectina commerciale. L'umidità è un fattore molto importante per la conservazione della pectina. Un basso contenuto di umidità aumenta i tempi di conservazione e inibisce la crescita di microrganismi che influiscono sulla qualità della pectina attraverso la produzione di enzimi idrolitici (pectinasi) **(Mohamadzadeh et al., 2010)**.

Il contenuto di ceneri della pectina sperimentale è inferiore a quello della pectina commerciale. Un basso contenuto di ceneri è favorevole alla formazione del gel. Il limite massimo del contenuto di ceneri per gel di pectina di migliore qualità è del 10% **(Ismail et al., 2012)**.

Il peso equivalente della pectina della buccia d'arancia utilizzata nello studio è 620,03. **Kanmani et al. (2014)** hanno riscontrato che il peso equivalente della pectina di *Citrus sinensis*, *Citrus limetta* e *Citrus limon* è rispettivamente di 594,86, 386,45 e 253,70. Questi risultati mostrano chiaramente l'esistenza di una differenza varietale nel peso equivalente, con il valore più alto registrato per *Citrus sinensis*. Il valore del peso equivalente della pectina può variare anche in base alla materia prima e al suo grado di maturazione. **Azad et al (2014)** hanno riscontrato che il peso equivalente della pectina estratta dal limone varia di 1175, 1632 e 368 durante le tre fasi di maturazione: prima della maturazione, maturazione e dopo la maturazione, rispettivamente. Secondo gli stessi autori, la fase di maturazione ha un effetto su significativo ($p<0,05$) sul valore del peso equivalente. I campioni estratti durante la fase di maturazione presentavano il peso equivalente più elevato, mentre il valore più basso è stato registrato per i campioni della fase successiva alla maturazione. Questa diminuzione può essere dovuta a una parziale degradazione della pectina.

Il peso equivalente della pectina è anche una funzione del contenuto totale di acido galatturonico libero (non esterificato) nella catena della molecola di pectina **(Rangama, 1977)**. Secondo **Rouse (1977),** un maggior grado di esterificazione provoca una diminuzione del contenuto di acido libero e di conseguenza un aumento del valore del peso equivalente. La diminuzione del peso equivalente può essere dovuta alla parziale degradazione della pectina e dipende dalla quantità di acido libero **(Ramli e Asmawati, 2011)**.

La pectina di arancia estratta può essere classificata come pectina a bassa metilazione (low methyl pectin), poiché il suo grado di esterificazione è inferiore al 50%. Queste pectine a basso contenuto di metile sono spesso utilizzate nell'industria alimentare come agenti gelificanti in prodotti a basso contenuto di zucchero, come gelatine e marmellate a basso contenuto calorico (**Tang et al.,** **2011**).

La pectina sperimentale della buccia d'arancia ha un basso contenuto di metossili e un grado di esterificazione inferiore rispetto alla pectina commerciale. Diversi studi hanno evidenziato contenuti metossilici variabili in *Citrus sinensis, Citrus limetta* e *Citrus limon*, rispettivamente del 6,84%, 4,46% e 2,34% (**Kanmani et al., 2014**). Gli stessi autori hanno riscontrato nelle specie *Citrus sinensis, Citrus limetta* e *Citrus limon* gradi di esterificazione del 3,20%, 2,98% e 1,50%, successivamente.

Il contenuto di metossile della pectina può variare anche a seconda della specie vegetale: buccia di mango 7,33%, banana (7,03%), buccia di pompelmo (8,57%) e limone (9,92%) (**Madhav e** **Pushpalatha, 2002**). Secondo **Ismail et al.** (**2012**), questo contenuto varia dal 2,98% al 4,34%. Tuttavia, **Azad et al.** (**2014**) hanno dimostrato che il contenuto di metossile della pectina di limone può variare dal 4,26% al 10,25% a seconda dello stato di maturazione del frutto. Il contenuto di metossile e il grado di esterificazione variano anche in base alle condizioni di estrazione (**Chan e** **Choo, 2013**). Il contenuto di metossile è un fattore molto importante per controllare il tempo e la capacità di formazione dei gel di pectina (**Constella e Lozano, 2003**).

Le pectine debolmente metilate (DE<50%) possono formare un gel in presenza di ioni bivalenti, ad esempio ioni calcio, in presenza o in assenza di zucchero (**Combo et al., 2011**). Il grado di esterificazione (DE) e la distribuzione dei gruppi carbossilici liberi sono due fattori importanti nella gelificazione delle pectine debolmente metilate. Più basso è il DE, maggiore è l'affinità delle catene pectiniche per gli ioni calcio (Ca^{2+}), con il risultato di gel più rigidi (**Willats et al., 2006**). Le pectine altamente metilate (DE>50%) formano un gel in presenza di zucchero a concentrazioni superiori al 55% (p/p) e in un mezzo acido (pH 2 - 3,5). Al contrario, le pectine a basso contenuto di metile (DE<50%) richiedono ioni calcio (Ca^{2+}) per formare un gel a pH compresi tra 2,0 e 7,0, in presenza o in assenza di zucchero (**Liu et al., 2010**).

La percentuale di acido galatturonico (GA) è un fattore molto importante per determinare la purezza della pectina. Si raccomanda che sia superiore al 65% (**Food Chemicals Codex, 1996**). Tuttavia, il contenuto di acido galatturonico (GA) della pectina che abbiamo studiato, estratta dalla buccia d'arancia, era inferiore al 65%. Questi risultati indicano che questa pectina non è pura. Gli stessi risultati sono stati riscontrati da **Ismail et al** (**2012**). Il basso contenuto di acido galatturonico (GA) può essere dovuto alla presenza di zucchero nel precipitato di pectina. Secondo **Ismail et al** (**2012**), una percentuale di acido galatturonico (GA) inferiore al 65% (pectina di bassa purezza) può essere dovuta alla presenza di proteine, amido o zucchero nella pectina precipitata in alcol.

La natura dell'acido utilizzato per l'estrazione è un fattore importante che può influenzare anche il contenuto di acido galatturonico (GA) della pectina. **Bhat e Singh (2014)** hanno riscontrato che l'estrazione della pectina con acido cloridrico porta a un contenuto di GA inferiore rispetto alla pectina estratta con acido citrico. Secondo gli stessi autori, questo basso contenuto può essere dovuto alla presenza di zuccheri nel precipitato di pectina. Analogamente, **Mohamed e Mohamed (2015)** hanno dimostrato che il contenuto di GA è più elevato quando la pectina viene estratta con una soluzione di acido cloridrico (33,90%), seguita dall'estrazione con acqua (31,8%) e infine dalla pectina estratta con ossalato di ammonio (27,7%). Il contenuto di GA varia anche in base alla materia prima utilizzata per l'estrazione della pectina (fonte di estrazione). **Girma e Worku (2016)** hanno riscontrato che il contenuto di acido galatturonico (GA) della pectina estratta dal mango (70,65%) era superiore a quello della pectina di banana (53,60%).

4.2. Qualità degli yogurt con aggiunta di pectina

Durante i periodi di fermentazione e post-acidificazione, è stato registrato un aumento dell'acidità proporzionale ai livelli di pectina. Secondo **Luquet (1990),** tali risultati possono essere giustificati solo dalla produzione di acido lattico dovuta alla fermentazione del lattosio che costituisce il latte da parte degli specifici microrganismi inoculati. Più alto è il tasso di incorporazione della pectina nel terreno di coltura, più alto è il contenuto di lattato. Ciò suggerisce che la pectina agisce stimolando l'attività fermentativa dei germi specifici dello yogurt, con conseguente intensa produzione di lattato nel mezzo. Inoltre, i principali prodotti del metabolismo dei batteri lattici sono costituiti da diversi acidi organici, prodotti sia dalla via omofermentativa (solo acido lattico), sia dalla via eterofermentativa (acido lattico, acetico e formico) e che possono anche acidificare e variare il pH del terreno di coltura **(Combo et al., 2011)**.

L'aumento dell'acidità dei prodotti sperimentali è iniziato già nella prima settimana di conservazione a freddo e sembra essersi stabilizzato fino al 21° giorno[ème] . Ciò è probabilmente dovuto al fenomeno della gelificazione causato dall'aggiunta di pectina agli yogurt, che ha la capacità di complessare l'acqua libera nel mezzo, abbassando l'Aw necessaria allo sviluppo dei batteri inoculati e quindi la loro capacità di fermentare il lattosio in acido lattico **(Buléon et al., 1998)**.

Questi risultati riflettono anche la coerenza dei valori di pH ottenuti, che sono inversamente proporzionali all'acidità dornica da un lato e ai livelli di pectina incorporati nei latti fermentati dall'altro.

La riduzione del pH e l'aumento dell'acidità lattica sono dovuti alla fermentazione del lattosio del latte da parte dei due ceppi specifici *Streptococcus thermophilus* e *Lactobacillus bulgaricus*. **Sokolinska et al. (2004)** hanno rilevato che il pH del latte fermentato è sceso da 6,7 a 4,11 durante il periodo di fermentazione e post-acidificazione.

Lo *Streptococcus thermophilus* e il *Lactobacillus bulgaricus* vivono in simbiosi e tra i due batteri esiste una sinergia che comporta una stimolazione reciproca. Questa stimolazione riguarda principalmente la crescita, l'acidificazione e la produzione di composti aromatici. Lo *Streptococcus thermophilus* è stimolato dall'apporto di aminoacidi e piccoli peptidi provenienti dall'attività proteolitica del *Lactobacillus bulgaricus*.

La stimolazione del *Lactobacillus bulgaricus* è attribuita all'acido formico, all'acido piruvico e all'anidride carbonica prodotti dallo *Streptococcus thermophilus*. Entrambe le specie microbiche sono batteri omofermentativi che producono acido lattico dal lattosio del latte. La produzione di acido lattico porta a un abbassamento del pH. Avvicinandosi al pH isoelettrico (pHi 4,6), le micelle di caseina perdono la loro stabilità sterica, causando la flocculazione, la precipitazione e la formazione di un coagulo **(Loveday et *al.*, 2013)**. Anche **Kumar e Mishra (2004)** hanno riscontrato che l'acidità lattica dello yogurt aumenta con l'aumento del tasso di aggiunta di pectina da 0,2 a 0,4 e 0,6%.

In termini di consistenza, gli yogurt sperimentali sono stati caratterizzati da un chiaro aumento della viscosità sia durante la fase di fermentazione che in quella di post-acidificazione. La viscosità può essere descritta come la resistenza mostrata da una palla standardizzata mentre si muove attraverso un liquido **(Schroder et *al.*, 2004)**. Secondo **Rawson e Marshall, 1997**, ciò è legato alla capacità dei ceppi seminati di produrre esopolisaccaridi (EPS), in particolare lo *Streptococcus thermophilus* durante la fase di fermentazione, quando è più attivo. Questi esopolisaccaridi aumentano la viscosità e migliorano la consistenza dei latti fermentati **(Cerning, 1995)**. Secondo **Girard e Lequart (2007)**, specifici germi dello yogurt, in particolare lo *Streptococcus thermophilus,* producono esopolisaccaridi durante la fermentazione lattica che sono in grado di legarsi alla caseina del latte, conferendo al prodotto finito una particolare viscosità e qualità reologica. **Guzel-Seydim et *al.* (2005)** hanno riscontrato che la viscosità dei latti fermentati preparati da batteri produttori di esopolisaccaridi è spesso molto più elevata di quelli preparati da batteri incapaci di produrli.

L'aumento del tasso di incorporazione della pectina nei latti fermentati da 0, a 0,1, a 0,3 e a 0,6% è accompagnato da un aumento significativo ($p < 0,01$) della viscosità. Gli stessi risultati sono stati ottenuti da **Jensen et *al.* (2010)** che hanno riscontrato che aumentando la concentrazione di pectina dallo 0,2 allo 0,5% si ottiene un aumento della viscosità dei latti acidificati. La produzione di EPS e la viscosità sembrano quindi essere strettamente proporzionali alle dosi di pectina incorporate. Questi risultati possono essere spiegati dal fatto che la pectina incorporata può formare una rete tridimensionale in grado di complessare i costituenti del latte e di assorbire quanta più acqua possibile dal mezzo, con conseguente aumento della viscosità degli yogurt sperimentali **(Moll e Moll, 1998)**.

La pectina è costituita essenzialmente da residui di acido galatturonico legati tra loro da legami a (1^4), parzialmente acetilati o esterificati da gruppi metilici, che le conferiscono proprietà gelificanti, addensanti e stabilizzanti, oltre a possedere un'elevata capacità di ritenzione idrica

(Fishman et al., 2000). In questo modo, la pectina può formare una rete tridimensionale in grado di complessare i costituenti del latte assorbendo al contempo la massima quantità di acqua dal mezzo, con conseguente aumento della viscosità degli yogurt sperimentali **(Maroziene e Kruif, 2000).** Una volta assorbita dalla superficie delle micelle di caseina, la pectina può formare aggregati stabili **(Maroziene et Kruif, 2000; Tuinier et al., 2002; Kiani et al., 2010).**

Nello stesso contesto, i parametri organolettici relativi alla consistenza dello yogurt, la vischiosità e la coesività, possono essere intesi in modo simile alla viscosità; tenendo presente che il gel che si forma è una miscela di pectina e caseina, e quindi la sua forza e questi criteri reologici aumentano proporzionalmente ai livelli di pectina incorporati **(Laurent e Boulenguer, 2003).**

Secondo **Bourgois et al.** **(1989)**, le specie di *Streptococcus thermophilus* sono responsabili dell'avvio della fermentazione lattica e crescono fino a un certo pH del terreno di coltura (4,2); al di sopra di questo valore, questi germi vengono inibiti e il *Lactobacillus bulgaricus subentra*, completando la fermentazione.

Analogamente, **Guyot (1992)** riferisce che lo *Streptococcus thermophilus* avvia la fermentazione lattica degli yogurt e la sua crescita è stimolata dagli aminoacidi rilasciati dalle caseine del latte in seguito all'attività proteolitica del *Lactobacillus bulgaricus*. Ciò si traduce in un numero maggiore di *Streptococcus thermophilus* durante la prima fase di incubazione, seguito da un effetto inibitorio dell'acido lattico sullo *Streptococcus thermophilus*, che porta a una diminuzione del loro numero **(Jeantet et al., 2008).**

In generale, il numero di questi due ceppi è risultato proporzionale alle concentrazioni di pectina. Si è notato un effetto stimolante della pectina, in particolare per quanto riguarda la crescita del *Lactobacillus bulgaricus* durante la fase di post-acidificazione. Grazie all'uso delle pectine come fonte di carbonio **(Olano-Martin et al., 2002; Manderson et al., 2005; Combo et al., 2011)**, il *Lactobacillus bulgaricus* ha mostrato un marcato aumento in proporzione all'incremento delle concentrazioni di pectina nei prodotti sperimentali. **Kumar e Mishra (2004)** hanno infine riscontrato che il tasso di incorporazione della pectina nello yogurt ha un effetto significativo sulla crescita dei due ceppi: *Streptococcus thermophilus* e *Lactobacillus bulgaricus*.

Questi risultati sono confermati da **Buléon et al. (1998)**, che riportano che l'azione del gel formatosi in seguito all'aggiunta di pectina durante la conservazione può influenzare l'attività dell'acqua (aW) dei prodotti, con conseguente parziale inibizione della crescita dei germi seminati.

La qualità organolettica è stata significativamente migliorata aumentando il tasso di incorporazione della pectina negli yogurt sperimentali. Infatti, ai livelli più elevati di pectina, i prodotti hanno mostrato un gusto migliore, un gel e una consistenza più solidi, limitando anche l'essudazione del siero, mentre il retrogusto dei latti fermentati sembrava essere più pronunciato. Per quanto riguarda l'appiccicosità e la coesione, i panelisti hanno notato un netto miglioramento di questi criteri in funzione dei livelli di pectina aggiunti. Risultati simili sono stati ottenuti da **Kumar e Mishra (2004)**, che hanno riscontrato un miglioramento della vischiosità e della coesività dei latti fermentati sperimentali con l'aggiunta di pectina.

Il gel che si forma è una miscela di pectina e caseina, la cui forza è proporzionale al livello di additivo incorporato **(Laurent e Boulenguer, 2003)**. Ciò è confermato da **Jensen et al. (2010)** che riportano che aumentando la concentrazione di pectina dallo 0,2 allo 0,5% si ottiene un notevole aumento delle proprietà elastiche e viscose dei gel di pectina. Nello stesso contesto, i risultati di **Broomes e Badrie (2010)** mostrano l'effetto significativo della pectina nel produrre una consistenza più solida del gel. Inoltre, è ormai assodato che specifici germi dello yogurt, in particolare lo *Streptococcus thermophilus*, producono esopolisaccaridi (EPS) nell'ambiente durante la prima fase di produzione del latte fermentato. Si tratta di sostanze carboidratiche, in particolare P-glucano, che possono legarsi alle caseine del latte durante la fermentazione, migliorando la qualità reologica degli yogurt **(Lorient et al., 1985; Cerning et al., 1986; Rawson e Marshall, 1997)**.

Secondo **Bottazzi et al.** (1973), l'apprezzamento da parte del consumatore del sapore e del gusto dei latti fermentati può essere importante quanto la consistenza e la morbidezza. Questi parametri migliorano chiaramente in proporzione alle dosi di pectina incorporate nei prodotti. A quanto pare, la pectina può stimolare specifici batteri dello yogurt a produrre una maggiore quantità di acetaldeide **(Soukoulis et al., 2007)**, responsabile del gusto caratteristico dello yogurt. L'acetaldeide che si forma durante la fermentazione lattica è il componente principale del sapore specifico dello yogurt **(Sahan et al., 2008)**.

L'interazione tra le proteine del latte e la pectina porta al dispiegamento delle proteine, rendendo accessibili i gruppi idrofobici. Questi gruppi forniscono ulteriori siti di legame per i composti volatili **(Mao et al., 2014)**. Questo porta a una diminuzione della volatilità dei composti aromatici e quindi a un migliore sapore dei latti fermentati con aggiunta di pectina. Inoltre, l'aumento della viscosità può influenzare la mobilità dei composti aromatici all'interno della matrice **(Mao et al., 2014)**, riducendo il loro rilascio in fase gassosa e migliorando la percezione olfattiva.

Il miglioramento della texture, dovuto all'incorporazione della pectina, ha comportato un'apparente limitazione del fenomeno della sineresi del prodotto, definita come la separazione del siero dalla cagliata senza l'applicazione di una forza esterna **(Peng et al., 2009) durante il** periodo di conservazione **(Zare et al., 2011)**. Infatti, le pectine sono idrocolloidi anionici in grado di interagire con le cariche positive sulla superficie delle proteine (caseine, siero proteine), rafforzando la rete tridimensionale e controllando così la sineresi **(Soukoulis et al., 2007)**.

L'essudazione del siero è risultata inversamente proporzionale all'aumento delle dosi di pectina incorporate negli yogurt sperimentali ($p<0,01$). Risultati simili sono stati riportati da **Everett et al. (2005)**, che hanno suggerito che l'aggiunta di pectina allo yogurt migliora l'essudazione del siero grazie all'assorbimento della pectina sulla superficie delle micelle di caseina del latte, che di conseguenza aumenta la capacità di ritenzione idrica dei latti fermentati.

CAPITOLO 5
Conclusione

Oggi i sottoprodotti dell'industria agroalimentare sono una delle principali fonti di inquinamento e di elevate perdite economiche. Sfruttare al meglio questi sottoprodotti è diventato un requisito fondamentale per ragioni sia economiche che ambientali.

La pectina è un polisaccaride complesso che fa parte delle pareti cellulari della maggior parte delle piante superiori. Le pectine sono abbondanti nella frutta e nella verdura. Sebbene possano essere estratte da un gran numero di piante, le principali fonti industriali di pectine sono la sansa di mele e la buccia d'arancia. Le applicazioni di questa sostanza sono numerose in vari campi, ma l'uso più importante è quello nell'industria alimentare, dove le pectine sono utilizzate principalmente come agenti testurizzanti, stabilizzanti, gelificanti e addensanti.

Alla luce dei risultati ottenuti, risulta che durante il periodo di fermentazione e post-acidificazione, i valori di acidità dornica registrati sono proporzionali ai livelli di pectina aggiunta (0, 0,1, 0,3 e 0,6%) negli yogurt; mentre si è osservata un'evoluzione inversa dei valori di pH in funzione dei livelli di pectina incorporati nei prodotti.

Inoltre, durante il periodo di conservazione post-acidificazione, il contenuto medio di acidità degli yogurt con aggiunta di pectina è sembrato aumentare leggermente fino all'ultimo giorno di conservazione a freddo a 21ème, ma senza superare gli standard consentiti dalla normativa.

Va inoltre notato che la viscosità ha mostrato un interessante miglioramento durante la fermentazione, soprattutto nel prodotto preparato con una concentrazione di pectina dello 0,6%. Inoltre, durante il periodo di post-acidificazione, questa tendenza sembra essere mantenuta; la viscosità dei latti fermentati ha mostrato un chiaro cambiamento in proporzione ai livelli di pectina incorporati.

Durante la fermentazione è stata osservata una maggiore proliferazione di germi di *Streptococcus thermophilus* rispetto al *Lactobacillus bulgaricus*, a differenza del periodo post-acidificazione. Più alto è il contenuto di pectina nel terreno di coltura, maggiore è la proliferazione di questi germi in entrambi i periodi. Il numero di *Streptococcus thermophilus* e *Lactobacillus bulgaricus* nel latte fermentato era conforme allo standard accettato per lo yogurt di 10^8 batteri vivi/mL di prodotto.

La qualità organolettica ha mostrato un miglioramento del gusto acido e del retrogusto con l'aumento del contenuto di pectina negli yogurt. La pectina incorporata a livelli di 0,1, 0,3 e 0,6% ha migliorato chiaramente la qualità reologica, in particolare la viscosità, l'adesività e la coesività dei latti fermentati. Gli yogurt con lo 0,6% di pectina hanno registrato i valori migliori per coesività, adesività e gusto. La pectina ha migliorato significativamente le qualità di conservazione, limitando anche l'essudazione del siero.

Riferimenti

-A-

1. **AFNOR, 1980.** Lait et produits laitiers : méthodes d'analyse (1er éd.). Parigi: AFNOR.

2. **AOAC, 1980.** Associazione dei chimici analitici ufficiali - Metodi ufficiali di analisi. 13th ed., Washington D.C.

3. **AOAC, 2005.** Association of official analytical chemists- official methods analysis of the association analytical chemists (18th ed.). Washington, DC: AOAC.

4. **Atmodjo M. A., Hao Z., Mohnen D., 2013.** Evoluzione della visione della biosintesi della pectina. *Annual Review of Plant Biology*, 64:747-779.

5. **Azad A. K. M., Ali M. A., Akter M. S., Rahman M. J., Ahmed M., 2014.** Isolamento e caratterizzazione della pectina estratta dalla sansa di limone durante la maturazione. *Journal of Food and Nutrition Sciences*, 2(2): 30-35.

-B-

6. **Bhat S. A., Singh E. R., 2014.** Estrazione e caratterizzazione della pectina dalla buccia del frutto di guava. *International Journal of Research in Engineering and Advanced Technology*, 2 (3):1 - 7.

7. **Bhatia M.S., Deshmukh R., Choudhari P., Bhatia N.M., 2008.** Modifica chimica delle pectine, caratterizzazione e valutazione per la somministrazione di farmaci. *Scientia Pharmaceutica*, 76: 775-784.

8. **Bottazzi V., Battistotti B. e Montescani G., 1973.** Influenza dei ceppi singoli e combinati di *L. bulgaricus* e *Str. thermophilus* e dei trattamenti del latte sulla produzione di aldeide acetica nello yogurt. *Mémoires Originaux, Le Lait*, n. 525-526 (maggio-giugno): 295-308.

9. **Bourgois C.M., Larpent J.P., 1989.** Microbiologia alimentare. *Ed. Lavoisier, Technique & Documentation, Vol.* 2. pp : 18 - 30.

10. **Braccini I., Perez S., 2001.** Basi molecolari della gelificazione indotta dal Ca^{2+} in alginati e pectine: il modello egg-box rivisitato. *Biomacromolecole*, 2: 1089-1096.

11. **Broomes J., Badrie N., 2010.** Effetti della pectina a basso contenuto di metossile sulle proprietà fisico-chimiche e sensoriali delle marmellate di acetosella/rosella (*Hibiscus sabdariffa* L.) a ridotto contenuto calorico. *The Open Food Science Journal*, 4: 48-55.

12. **Buléon A., Coloma P., Bail P., Bobol H., 1998.** Struttura e transizione di fase degli amidi: Applicazione alla formazione. *Ed. INRA*. pp : 2 - 15.

-C-

13. **Caffall K. H., Mohnen D., 2009.** Struttura, funzione e biosintesi dei polisaccaridi pectici della parete cellulare delle piante. *Carbohydrate Research*, 344:1879-1900.

14. **Cerning J., 1995.** Produzione di esopolisaccaridi da parte di batteri lattici e batteri propioni

del latte. *Lait*, 75: 463 - 472.

15. **Cerning J., Bouillance C., Desmazeaud M.J., 1986.** Isolamento e caratterizzazione di polisaccaridi esocellulari prodotti da *Lactobacillus bulgaricus*. *Biotechnology Letter Scientific*, 8: 6 - 25.

16. **Chan S.Y., Choo W.S., 2013.** Effetto delle condizioni di estrazione sulla resa e sulle proprietà chimiche della pectina dalla buccia di cacao. *Food chemistry*, 141: 3752-3758.

17. **Combo A. M. M., Aguedo M., Paquot M., 2011.** Oligosaccaridi pectici: produzione e possibili applicazioni. *Biotechnol. Agron. Soc.*, 15(1): 153-164.

18. **Constenla D., Lozano J. E., 2003.** Modello cinetico di demetilazione della pectina. *Ricerca applicata in America Latina*, 33:91-96.

-F-

19. **Fishman M.L., Chau H.K., Hoagland P., Ayyad K., 2000.** Caratterizzazione della pectina, estratta per flash da arance a+lbedo mediante riscaldamento a microonde, sotto pressione. *Carbohydrate Research*, 323: 126- 138.

20. **Codice chimico alimentare. 1996.** IV monografie.Washington DC: National Academy Press, pp : 283.

-G-

21. **Girard M., Lequart C.S., 2007.** Gelificazione e resistenza alla scheggiatura del latte fermentato: ruolo degli esopolisaccaridi. *International Dairy Journal*, 17 : 666- 673.

22. **Girma E., Worku T., 2016.** Estrazione e caratterizzazione della pectina da scarti selezionati di bucce di frutta. *International Journal of Scientific and Research Publications*, 6 (2):447-454.

23. **Guo X., Han D, Xi H., Rao L., Liao X., Hu X., Wu J., 2012.** Estrazione di pectina dalla buccia di arancia navel assistita da altissima pressione, microonde o riscaldamento tradizionale: un confronto. *Carbohydrate polymers*, 88 : 441-448.

24. **Guyot P., 1992.** Les yaourts D.L.G., *Tecnologia alimentare*, p: 4 - 8 - 10 - 11.

25. **Guzel-Seydim Z.B., Sezgin E., Seydim A.C., 2005.** Influenza delle colture produttrici di esopolisaccaridi sulla qualità dello yogurt semplice di tipo set. *Controllo degli alimenti*, 16: 205- 209.

-I-

26. **Iglesias M.T., Lozano J.E., 2004.** Estrazione e caratterizzazione della pectina del fiore del sole. *Journal of Food Engineering*, 62: 215-223.

27. **Federazione Internazionale dei Latticini, 2003.** Yogurt: Conteggio dei microrganismi caratteristici - tecnica della conta delle colonie a 37°C. Standard IDF n. 117 E. Bruxelles.

28. **Ismail N. S. M., Ramli N, Hani N. M., Meon Z., 2012.** Estrazione e caratterizzazione della

pectina dal frutto del drago (*Hylocereus polyrhizus*) utilizzando diverse condizioni di estrazione. *Sains Malaysiana*, 41(1): 41-45.

-J-

29. **Jeantet R., Croguennec T., Mahaut M., Schuck P., Brule G., 2008.** I prodotti laici. *Technique et Documentation, Lavoisier*, Paris, p: 1-36.

30. **Jensen J.K., S0rensen S. O., Harholt J., Geshi N., Sakuragi Y., M0ller I., Zandleven J., Adriana J. Bernal A. J., Jensen N. B., S0rensen C., Pauly M., Beldman G., Willats W.G.T., Henrik Vibe Schellera H. V.,2008.** Identificazione di una Xylogalacturonan Xylosyltransferase coinvolta nella biosintesi della pectina in Arabidopsis. *The Plant Cell*, 20: 1289-1302.

31. **Jensen S., Rolin C., Ipsen R., 2010.** Stabilizzazione del latte scremato acidificato con HM-pectina. Idrocolloidi alimentari, 24: 291- 299.

-K-

32. **Kalapathy U., Proctor A., 2001.** Effetto delle condizioni di estrazione acida e di precipitazione in alcol sulla resa e sulla purezza della pectina del mallo di soia. *Chimica degli alimenti*, 73: 393-396.

33. **Kanmani P., Dhivya E., Aravind J., Kumaresan K., 2014.** Estrazione e analisi della pectina dalle bucce di agrumi: aumento della resa di *Citrus limon* mediante un disegno sperimentale statistico. *Iranica Journal of Energy and Environment*, 5 (3): 303-312.

34. **Kar F., Arslan N., 1999.** Effetto della temperatura e della concentrazione sulla viscosità delle soluzioni di pectina di buccia d'arancia e relazione viscosità intrinseca-peso molecolare. *Carbohydrate Polymers*, 40: 277-284.

35. **Keogh, M.K., O'Kennedy, B.T., 1998.** Reologia dello yogurt mescolato influenzata dall'aggiunta di grassi, proteine e idrocolloidi del latte, *Journal of Food Science*, 63 (1): 108-112.

36. **Kiani H., Mousavi M.E., Razavi H., Morris E.R., 2010.** Effetto del gellano, da solo e in combinazione con la pectina ad alto contenuto di metossi, sulla struttura e sulla stabilità del doogh, una bevanda iraniana a base di yogurt. *Idrocolloidi alimentari*, 24: 744-754.

37. **Kratchanova M., Pavlova E., Panchev I., 2004.** L'effetto del riscaldamento a microonde di bucce d'arancia fresche sul tessuto del frutto e sulla qualità della pectina estratta. Carbohydrate Polymers, 56, 181-185.

38. **Kravatchenko T., Voragen A., Pilnik W., 1992.** Confronto analitico di tre preparazioni industriali di pectina. *Carbohydrate Polymers*, 18: 17-25.

39. **Kumar P., Mishra H.N., 2004.** Yogurt set arricchito di soia e mango: effetto dell'aggiunta di stabilizzanti sulle proprietà fisico-chimiche, sensoriali e testuali. *Chimica degli alimenti*, 87:

501-507.

-L-

40. **Laurant M.A., Boulanguer P., 2003.** Meccanismo di stabilizzazione delle bevande a base di latte acido (ADD) indotto dalla pectina. *Idrocolloidi alimentari*, 17: 445-454.

41. **Lira-Ortiz A. L., Reséndiz-Vega F., Ri'os-Leal E., Contreras-Esquivel J. C., Chavarria-Hernandez N., Vargas-Torres A. Rodriguez-Hernandez A. I., 2014.** Pectine da scarti di frutti di fico d'India (*Opuntia albicarpa* Scheinvar 'Reyna'): Proprietà chimiche e reologiche. *Idrocolloidi alimentari*, 37: 93-99.

42. **Liu L., Cao J., Huang J., Cai Y., Yao J., 2010.** Estrazione di pectine con diversi gradi di esterificazione dalla corteccia di gelso. *Bioresource Technology,* 101 : 3268-3273.

43. **Lorient D., Cheftel J.C., Luquet J.L., 1985.** Proprietà degli alimenti, biochimica, proprietà funzionali, valori nutrizionali, modifiche chimiche. *Ed. Lavoisier, Tecnica e Documentazione,* pagg. 39 - 53.

44. **Loveday S.M., Sarkar A., Sing H., 2013.** Yogurt innovativi: nuove tecnologie di lavorazione per migliorare la consistenza del gel di latte acido. *Scienza e tecnologia alimentare*, 33: 5-20.

45. **Lucey J. A., Singh H., 1998.** Formazione e proprietà fisiche dei gel di latte acido: una rassegna. *Food Research International*, 30 (7): 529-542.

46. **Luquet F.M., 1990.** Lait et produits laitiers : Vache - Brebis - Chèvre. *Tecniche e documentazione, Lavoisier*, Parigi.

-M-

47. **MacDonald I., 1979.** Polisaccaridi e salute. *In*: Polysaccharides in Food, Blanchard J.M.V., Mitchell J.R. (*Eds*), *Butterworths*, London, UK, Chapter 21, pp. 331-336.

48. **Madhav A, Pushpalatha P. B., 2002.** Caratterizzazione della pectina estratta da diversi scarti di frutta. *Journal of Tropical Agriculture,* 40: 53-55.

49. **Manderson K. et al., 2005.** Determinazione *in vitro* delle proprietà prebiotiche di oligosaccaridi derivati da un flusso di sottoprodotti della produzione di succo d'arancia. *Appl. Environ. Microbiol*, 71(12): 8383-8389.

50. **Mao L., Bioteux L., Roos Y.H., Miao S., 2014.** Valutazione delle caratteristiche volatili di un'emulsione a strati misti di proteine del siero di latte isolate e pectina in diverse condizioni ambientali. *Idrocolloidi alimentari*, 41: 79-85.

51. **Maran J.P., Sivakumar V., Thirugnanasambandham K, Sridhar R., 2013.** Ottimizzazione dell'estrazione assistita da microonde della pectina dalla buccia d'arancia. *Carbohydrate polymers,* 97 (2): 703-709.

52. **Maroziene A., Kruif C.G., 2000.** Interazione tra pectina e micelle di caseina. *Idrocolloidi alimentari*, 14: 391-394.

53. **Mesbahi G., Jamalian J., Farahnaky A., 2005.** Uno studio comparativo sulle proprietà funzionali delle pectine di barbabietola e di agrumi nei sistemi alimentari. *Idrocolloidi alimentari, Vol.* 19 (4): 731-738.

54. **Mohamadzaheh J., Sadeghi-mahoonak A.R., Yaghbani M., Aalami M., 2010.** Estrazione di pectina da residui di testa di girasole di cultivar iraniane selezionate. *World Applied Sciences Journal,* 8 (1): 21-24.

55. **Mohamed H. A., Mohamed B. E., 2015.** Frazionamento e proprietà fisico-chimiche delle sostanze pectiche estratte dalle bucce di pompelmo. *Journal of Food Process Technology,* 6: 1 - 6.

56. **Mohnen D., 2008.** Struttura e biosintesi della pectina. *Current Opinion in Plant Biology,* 11:266 - 277.

57. **Moll M. e Moll N., 1998.** Additivi alimentari e coadiuvanti tecnologici. *Dunod,* Parigi.

-O-

58. **Olano-Martin E., Gibson G.R., Rastall R.A., 2002.** Confronto delle proprietà bifidogeniche in vitro di pectine e pectico-oligosaccaridi. *Journal of Applied Microbiology, 93:* 505-511.

59. **Owens H.S., McCready R.M., Shepard A.D., Schultz T.H., Pippen E.L., Swenson H.A., Miers J.C., Erlandsen R.F. Maclay, W.D., 1952.** Metodi utilizzati presso il Western Regional Research Laboratory per l'estrazione di materiali pectici. pp. 9. USDA Bur. Agric. Ind. Chem.

-P-

60. **Pang Z., Deeth H., Prakash S., Bansal N., 2016.** Sviluppo delle proprietà reologiche e sensoriali di combinazioni di proyeine del latte e polisaccaridi gelificanti come potenziali sostituti della gelificazione nella produzione di gel di latte acido e yogurt mescolati. *Journal of Food Engineering,* 169: 27-37.

61. **Peng Y., Serra M., Horn D.S., Lucey J.A., 2009.** Effetto della fortificazione con vari tipi di proteine del latte sulle proprietà reologiche e sulla permeabilità dello yogurt non grasso. *Journal of food Science,* 74 (9): C666 - C673.

62. **Pinheiro E. R., Silva I.M.D.A., Gonzaga L. V., Amante E. R., Teo'filo R. F., Ferreira M. M. C., Amboni R. D.M.C., 2008.** Ottimizzazione dell'estrazione di pectina ad alto contenuto di esteri dalla buccia del frutto della passione (*Passiflora edulis flavicarpa*) con acido citrico mediante la metodologia della superficie di risposta. *Bioresource Technology,* 99 : 5561-5566.

-R-

63. **Ramli N , Asmawati, 2011.** Effetto dell'ossalato di ammonio e dell'acido acetico a diversi tempi di estrazione e pH su alcune proprietà fisico-chimiche della pectina da bucce di cacao (*Theobroma cacao*). *African Journal of Food Science,* 5(15): 790-798.

37

64. **Ranganna S., 1977.** Manuale di analisi dei prodotti ortofrutticoli. McGraw Hill, Nuova Delhi.

65. **Rawson H.L., Marshall M., 1997.** Controllo delle proprietà reologiche degli yogurt. *Lettres Scientifiques et Techniques de TEXEL* No. 1. P : 4.

66. **Rezzoug S.A., Maache-Rezzoug Z., Sannier F., Allaf K., 2008.** Un preprocesso termomeccanico per l'estrazione di pectina dalla buccia. Ottimizzazione mediante metodologia della superficie di risposta. *International Journal of Food Engineering*, Vol. 4 (1), Articolo 10.

67. **Ridley B. L., O'Neill M. A., Mohnen D., 2001.** Pectine: struttura, biosintesi e segnalazione legata agli oligogalatturonidi. *Fitochimica*, 57: 929-967.

68. **Rouse A.H., 1977.** Pectina: distribuzione, significato. Dalam Nagy SP, Shaw E, Veldhuis MK (eds). Citrus Science and Technol (1). AVI Publishing Company Inc.

-S-

69. **Sahan N., Yasar K., Hayaloglu A.A., 2008.** Qualità fisica, chimica e gustativa dello yogurt magro influenzata da un composito idrocolloidale di B-glucano durante la conservazione. *Idrocolloidi alimentari*, 22 : 1291- 1297.

70. **Sahan N., Yasar K., Hayaloglu A.A., 2008.** Qualità fisica, chimica e gustativa dello yogurt magro influenzata da un composito idrocolloidale di B-glucano durante la conservazione. *Idrocolloidi alimentari*, 22 : 1291- 1297.

71. **Schroder R., Clark C.J., Sharrock K., Hallett I.C., MacRae E.A., 2004.** Le pectine dell'albedo dei frutti immaturi di limone hanno un'elevata capacità di legare l'acqua. *Journal Plant Physiology*, 161: 371-379.

72. **Shaha R.K., Punichelvana Y. N. A.P., Afandi A., 2013.** Condizioni di estrazione ottimizzate e caratterizzazione della pectina da Kaffir Lime (*Citrus hystrix*). *Research Journal of Agriculture and Forestry Sciences*, Vol. 1(2): 1-11.

73. **Sodini I., Remeuf F., Haddad S., Corrieu G., 2004.** L'effetto relativo dello starter di base del latte e del processo sulla consistenza dello yogurt: una revisione. *Scienza degli alimenti e nutrizione*, 44:113- 137.

74. **Sokolinska D.C., Mchalski M.M., Pikul J., 2004.** Il ruolo della proporzione di ceppi batterici dello yogurt nella saturazione del latte e nella formazione delle caratteristiche qualitative della cagliata. *Bull. Vet. Inst. Pulawy*, 48 : 437- 441.

75. **Soukoulis C., Panagiotidis P., Koureli R., Tzia C., 2007.** Produzione industriale di yogurt: monitoraggio del processo di fermentazione e miglioramento della qualità del prodotto finale. *Journal of Dairy Science, Vol. 90 (6):* 2641-2654.

76. **Srivastava P., Malviya R., 2011.** Fonte di pectina, estrazione e sua applicazione nell'industria farmaceutica: una rassegna. *Indian Journal of Natural Products and Resources*, 2 (1): 10-18.

-T-

77. **Tang P. Y., Wong C. J., Woo K. K., 2011.** Ottimizzazione dell'estrazione di pectina dalla buccia del frutto del drago (*Hylocereus polyrhizus*). *Asian Journal of Biological Sciences*, 4 (2) : 189 - 195.

78. **Tuinier R., Rolin C., Kruif C.G., 2002.** Elettrosorbimento di pectina su micelle di caseina. *Bio macromolecole*, 3: 632-638.

-W-

79. **Wang S., Chen F., Wu J., Wang Z., Liao X., Hu X., 2007.** Ottimizzazione dell'estrazione di pectina assistita da microonde dalla sansa di mela mediante la metodologia della superficie di risposta. *Journal of Food Engineering*, 78: 693-700.

80. **Wicker L., Kim Y., Kim M. J., Thirkield B., Lin Z., Jung J., 2014.** La pectina come polisaccaride bioattivo che estrae funzioni su misura da meno. *Idrocolloidi alimentari*, 1-9.

81. **Willats W.G. T., Knox J. P., Mikkelsen J. D., 2006.** La pectina: nuove intuizioni su un vecchio polimero stanno iniziando a gelificare. *Trends in Food Science & Technology*, 17: 97-104.

82. **Willats W.G.T., McCartney L., Mackie W., Knox J.P., 2001.** Pectina: biologia cellulare e prospettive di analisi funzionale. *Plant Molecular Biology*, 47: 9-27.

-Y-

83. **Yang T., Wu K., Wang F., Liang X., Liu Q., Li G., Li Q., 2014.** Effetto degli esopolisaccaridi dei batteri lattici sulla consistenza e sulla microstruttura dello yogurt di bufala. *International Dairy Journal*, 34: 252-256.

84. **Yapo B. M., 2009.** Quantità, composizione e comportamento fisico-chimico della pectina influenzati dal processo di purificazione. *Food Reasech International*, 42: 1197-1202.

-Z-

85. **Zanelle K., Taranto O.P., 2015.** Influenza delle condizioni operative di essiccazione sulle caratteristiche chimiche delle pectine estratte con acido citrico da arancia dolce di pera (Citrus Sinensis L. Osbeck) albedo e flavedo. *Journal of Food Engineering*, 166 : 111-118.

86. **Zare F., Boye J.I., Orsat V., Champagne C., Simpson B.K., 2011.** Proprietà microbiche, fisiche e sensoriali dello yogurt integrato con farina di lenticchie. *Food Research International*, 44: 2482-2488.

Printed by Books on Demand GmbH, Norderstedt / Germany